에어프라이어
술안주
&
논에어프라이어
간편식

일러두기 : 에어프라이어는 예열이 필요한 경우에는 레시피에 기재해두었습니다. 그 외에는 예열 없이 요리합니다.
용량 : 1큰술은 15ml, 1작은술은 5ml, 1컵은 180ml입니다.

에어프라이어 **술안주&논에어프라이어 간편식**

초판 1쇄 인쇄 2019년 9월 9일
초판 1쇄 발행 2019년 9월 20일

지은이 백가희
책임편집 조혜정
디자인 그별
펴낸이 남기성

펴낸곳 주식회사 자화상
인쇄,제작 데이타링크
출판사등록 신고번호 제 2016-000312호
주소 서울특별시 마포구 월드컵북로 400, 2층 201호
대표전화 (070) 7555-9653
이메일 sung0278@naver.com

ISBN 979-11-90298-05-6 13590

이 도서의 국립중앙도서관 출판예정도서목록(CIP)은 서지정보유통지원시스템 홈페이지 (http://seoji.nl.go.kr)와 국가자료공동목록시스템(http://www.nl.go.kr/kolisnet)에서 이용하실 수 있습니다.(CIP제어번호: CIP2019035036)

에어프라이어

술안주

&

논에어프라이어

간편식

백가희 지음

프로젝트 A

MOSCATO
ROSE

작가의 말

먹는 것에 대하여

가족의 품을 벗어나 처음 자취를 시작하면 우리는 생각보다 많은 것을 내팽개친다. 이를테면 청결, 구속, 성실…. 그중 가장 빠르게 내던지는 분야는 식사다. 혼자 있는데 뭘 그렇게 거하게 차려먹어? 내가 한동안 요리 관련 게시물을 올리면서 제일 많이 들었던 말. 그러게, 혼자 있는데 뭘 이렇게 차려 먹을까.

생각하다 보면 먹지 못해 서러운 날들, 먹지 않아 힘들었던 날들, 먹고도 체했던 날들, 먹고 싶은데 넘어가지 않았던 날들이 주마등처럼 지나갔다. 그런데도 꿋꿋이 혼자 먹는 데에 익숙해진 내가 당신에게 당부하고 싶은 말은 되도록 꼭 먹는 것을 게을리하지 않았으면 좋겠다는 거다. 먹는 것의 소중함을 깨우친 지는 오래되지 않았지만, 이제는 하루 중 꽤 가치 있는 일이 됐다. 오죽하면 우리 집 인테리어를 소개하는 글에도 혼자 지내는 사람들을 위한 레시피를 적어뒀을까.

우리는 우울할 때 먹거나 먹지 않는다

이런 나도 더러 끼니를 거르겠다 결심 아닌 결심을 할 때가 있었는데 바로 누군가와 이별한 직후 혹은 세상으로부터 상처를 입었을 때다. 입맛을 뚝 떨어뜨리기엔 그만한 방법이 없었다. 물론 입맛도 떨어지고 삶에 대한 욕구조차 같이 떨어진다. 사람이 삶을 포기하는 과정 중 가장 첫 번째 수순은 '먹지 않는 것' 아닐까. 나는 아직 삶을 포기할 의지가 없는지 또 유난히 식욕이 왕성할 때도 있었는데 바로 정혈(생리) 기간이나 몇 시간째 앉아 있어도 문장 하나 써지지 않을 때였다. 그때 먹어대는 단 것들의 양은 스트레스의 양과 같다. 이보다 양면적인 행동이 있을까. 나는 살고자 하는 발버둥으로 먹었고, 죽고자 하는 몸부림으로 먹지 않았다.

언제 밥 한번 먹자

'같이 밥을 먹는다'의 정의는 다양하다. 출판사와 미팅을 할 때도, 오랜만에 고향에 내려갔을 때도, 하루 끝자락에 친구들을 만날 때도 매번 하는 행위는 먹는 것이다. 음식이 맛있고 플레이팅이 예쁜 식당을 찾아 놓고 함께 먹고 싶은 사람을 데려간다. 공간이 주는 힘과도 유사하지만, 밥을 먹는 행위는 공간을 나눠보는 것보다 한 차원 더 심화적인 일이다. 같은 장소를 찾는 일은 관계의 관문으로 적합하지만, 같이 밥을 먹는 것은 그럴 수 없다. 관계가 어느 정도 진전이 있을 때 이루어질 수 있는 것이다. 어색한 사람과 '언제 밥 한번 먹자' 하지만 절대 만나지 않고, 같이 먹지 않는 것도 같은 맥락인 셈이다. 나는 같이 먹는 행위를 친해지기 위해선 당연히 해야 할 숭고한 선서식처럼 해 왔다.

밥 먹고 술 마시고 노는 시간

일간 연재물 중 하나인 〈중독에 대하여〉에서 썼던 것처럼 작년 여름의 나는 친구들을 우리 집으로 다 데려와 그달 내내 파티를 열었다. 어떤 날은 와인 안주를 차려놓고 병나발로 불어댄 적도 있고, 배달 음식을 시켜 먹은 적도 있고, 더워 죽겠는데 따개비처럼 따닥따닥 붙어 앉아 습한 팔을 부딪치며 밥을 먹은 적도 있었다. 다 먹고 난 후엔 촘촘히 드러누워 하루를 보냈다. 그때의 나는 지금처럼 즐거운 시간을 앞으로 찾을 수 없을 것이라 생각했던 것 같다. 어느새 우리 집은 밥을 먹고 술을 마시고 노는 정모 장소 중 하나가 되었으니까. 하지만 모든 관계가 영원할 수 없다는 말을 증명이라도 하듯 그 인연도 수명을 다했고, 하나였지만 동시에 개인이었던 '우리'라는 집단은 각자의 살 방법을 찾아 뿔뿔이 흩어졌다.

세상의 2인분들

누군가를 생각하지 않으려고 애쓰다 보면 그 이를 얼마나 생각하고 있는지 깨닫게 된다는 황경신의 시(「생각이 나서」), 그 말처럼 나는 그들을 생각하는 데에 온 시간을 쏟았다. 생각하지 않으려고 애썼던 시간이 사실은 그들을 생각하고 있는 시간이었다. 매일매일 해야 하는 일이었지만, 먹는 게 재미없어졌다. 함께 먹는다는 행위가 이렇게 큰 기쁨을 주는지 처음 깨달았던 날, 같이 밥을 나눠 먹을 사람이 없다는 게 얼마나 고독한 일인지 깨달았던 날, 세상의 2인분들이 부러웠던 날.

다행스럽게 시간이라는 절대적인 힘은 사람이 마냥 고여 있길

원하지 않는다. 적어도 나는 그렇게 믿는다. 그 여름엔 친구들과 밥을 나눠 먹느라 포동포동 살이 올랐었는데 다시 혼자로 원상복구한 뒤론 겨우 하루에 한 끼를 먹기도 했다. 볼살이 조금 내려앉고 어느새 가을이었다. 잘 챙겨 먹지 않으니 심지어 먹어도 영양가 없는 음식들만 먹어대니 결국 장염에 걸렸다. 내 평생에 장이 그렇게 아팠던 적은 처음이었다. 의사 선생님은 내게 장이 정상 모양보다 두 배 이상으로 부풀었다 했다. 병실에 누워 생각했다. 대체 먹는 게 뭐라고 내가 이런 고생을 해야 하나? 그날 이후로 먹는 행위를 내게서 재정의했다. 그렇게 재조립된 정의가 담긴 게 이 글이다.

아침을 먹고 다시 잠들었다. 어쩐지 일찍 일어났다 했다. 저녁에 가까운 어중간한 낮에 일어나 스파게티 소스를 사 왔다. 당면을 불려놓고 카르보나라를 만든다. 소스를 짜내서 부었다. 조금 짜다. 봉투 겉면에 2인분이라고 적혀 있었는데 지키지 않은 탓일까. 아무 생각 없이 잘 지내다가도 음식을 먹을 때마다 누군가와 함께 살고 싶다고 생각한다. 세상에 있는 2인분짜리 음식들을 같이 먹어주면 된다. 야식을 먹은 후에는 음식물 쓰레기가 나오지 않으며 내일까지 이 메뉴를 먹어야 한다는 압박감을 없애주는 정도면 좋겠다. 자꾸 욕심이 생긴다. 음식을 먹은 뒤에는 같이 영화를 보고 싶을 거고, 영화를 본 뒤에는 같이 낮잠을 자고 싶을 거고…. 포기해야겠다. 그런 사람은 없다. 내 공간에 누군가의 흔적을 심는 어리석은 짓은 반복하지 않아야지. 음식물 봉투를 사 와야겠다. 잘 묶어 내다 버려야지. 다시 한 번 외로움에 속지 않기로 한다.

외로움을 즐거운 마음으로

우리는 가끔 외로움을 먹기도 하고, 즐거움을 나누기도 하고, 기억을 추억으로 만들기 위해 먹기도 한다. 하지만 우리는 같이 밥을 먹을 순 있어도 서로의 외로움까진 나눠 먹을 수 없다. 함께 먹는 잠시나마 외로움이 해결되겠지만, 잠시 잊은 것일 뿐 외로움은 우리 주변을 내내 맴돈다. 그리고 곁에 사람이 없는 틈을 타 침공하는 것이다.

나는 도저히 삶에 집중할 수 없는 날이면 요리를 해 먹었다. 아침부터 부산스럽게 움직여 장을 봐왔다. 메뉴는 무엇이든 상관없다. 전날 밤부터 먹고 싶었던 것이든, 레토르트 음식이든, 한 그릇의 단출한 요리든. 요리할 동안 나는 나를 대접할, 나만의 시간을 사용 중이었다. 아무렴 당신이 외롭지 않을 순 없겠지만, 고독과 쓸쓸함에서 완전히 벗어나는 날은 한참 멀었겠지만, 그 시간이 올 때까지 외로움을 버티는 법을 이제 조금 알겠다. '혼자 밥을 먹는 것.' 이건 앞으로도 무수할 외로움과 싸우는 것.

그래서 말인데, 내일은 뭐 먹지?

열대야와 맥주 한 잔의 밤을 보내며

백가희

PART 01 우리의 밤은 술과 함께 빛난다

PART 02

#집밥백가희선생의 한 그릇 요리

— 간편식(논에어프라이어) 편

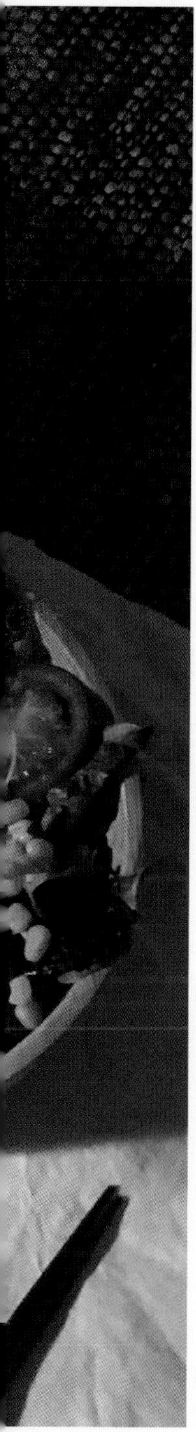

PART

01

우리의 밤은 술과 함께 빛난다

에어프라이어로 만드는 예쁜 음식.
소중한 사람을 초대하고 싶어지는
에어프라이어 레시피 26가지를 모았다.
실용적이고 알찬 메뉴들로만 구성해보았다.

감바스

감바스 알 아히요. 만들기 쉽고, 매콤한 풍미가 있어 와인에 곧잘 곁들여 먹는 메뉴다.
비주얼도 그럴듯하여, 여름밤을 빛낼 첫 술안주로 적격.

온도 200℃ | 시간 8-10분

재료

새우 200g, 편마늘 10개, 올리브오일 100ml, 버터 10g, 월계수잎 3장, 페퍼론치노 5개, 허브솔트 2꼬집

만드는 법

1 손질된 새우에 허브솔트를 골고루 뿌려준다.
2 에어프라이어용 종이호일에 새우, 버터, 편마늘, 올리브오일, 월계수잎, 페퍼론치노를 넣는다.
3 200도 8-10분간 조리한다.

계란빵

부드러운 빵과 도톰한 계란의 조합은 간식과 식사 그 어디쯤을 차지하는 든든함을 자랑한다.
시원한 음료 한잔과 함께 먹는 한 그릇 레시피.

온도 180℃ | 시간 5분

재료

모닝빵 3개, 마요네즈 10g, 계란 3개

만드는 법

1 모닝빵 속을 파낸다.
2 가장 안쪽에 마요네즈를 뿌린다.
3 날계란은 흰자와 노른자를 분리한 뒤 노른자만 빵 안으로 넣어준다.
4 계란을 포크나 이쑤시개로 콕콕 찔러준다.
5 에어프라이어로 180도에서 5분간 조리한다.

OLIVER TWIST
483

고구마튀김

바삭바삭 달달한 길거리 음식의 대명사.
간단한 핑거푸드로 손색없는 고구마튀김은 에어프라이어 레시피 중 기본 중의 기본.

온도 180℃ | 시간 10분

재료

고구마 1개, 올리브오일 30ml, 설탕 30g(혹은 올리고당 30g)

만드는 법

1 고구마를 채 썬 뒤, 전분기를 제거하기 위해 물에 20분 담궈둔다.
2 물기를 제거한다.
3 채 썬 고구마에 올리브오일과 설탕(혹은 올리고당)을 넣고 손으로 조물조물 해준다.
4 에어프라이어로 180도, 10분간 조리한다.

닭갈비

어떤 주종과도 잘 어울리는 별미 안주 닭갈비.
적당한 매콤함이 와인과도 아주 잘 어울릴 것 같다.

온도 180℃ | 시간 35분

재료

닭다리살 450g(1팩), 양파 1개, 양배추 1/2개, 파 1대, 떡국 떡 30g(취향껏), 피자치즈 50g, 고추장 1큰술, 고춧가루 1큰술, 간장 1큰술, 다진 마늘 1큰술, 설탕 1큰술, 청주 1큰술(혹은 소주), 카레가루 1/2큰술, 후추 2꼬집

만드는 법

1 닭다리살과 양파, 양배추, 파를 송송 썬다.
2 고추장, 고춧가루, 간장, 다진 마늘, 설탕, 청주, 카레가루, 후추를 넣어 양념장을 만든다.
3 양념장에 닭다리살과 야채를 버무린뒤 재워둔다(최소 30분).
4 에어프라이어 온도를 180도로 맞춘 뒤 15분간 굽는다.
5 뒤집어 다시 15분간 굽는다.
6 모짜렐라 치즈를 올린 후 5분간 굽는다.

닭다리간장조림

단짠단짠. 야식을 겸한 메뉴가 필요하다면 부드러운 닭다리와 간장의 조합은 정답이다.

온도 180℃ | 시간 20분

재료

닭다리 5개, 우유 500ml, 허브솔트 5꼬집, 간장 2큰술, 설탕 2큰술, 올리브오일 1큰술, 청주(소주) 2큰술, 로즈마리 3개, 다진 마늘 1큰술, 생강가루 2꼬집

만드는 법

1 닭다리를 깨끗이 씻은 후 허브솔트, 로즈마리와 함께 우유에 30분간 재워둔다.
2 소스는 간장, 청주(소주), 생강가루, 설탕, 다진 마늘, 올리브오일을 넣어 양념장을 제조한다.
3 우유를 버린 뒤 밑간한 닭다리에 양념장을 넣어 손으로 조물거려 준다.
4 에어프라이어 온도를 180도로 맞추고 10분간 구워준다.
5 닭다리를 뒤집어 다시 10분간 구워준다.

등갈비

안주와 식사와 간식 그 어디쯤에 위치할 등갈비찜.
에어프라이어로 만드는 부드러운 고기의 맛이 일품이다.

온도 200℃ | 시간 15분

재료

등갈비 300g, 허브솔트 4꼬집, 카레가루 1큰술(취향에 따라 2큰술도 가능), 올리브오일 2큰술, 다진 마늘 1큰술, 진간장 2큰술, 설탕 2큰술, 청주(소주) 2큰술, 물 5큰술, 후추 2꼬집

만드는 법

1 등갈비를 찬물에 담가 핏물을 빼준다.(최소 1시간)
2 허브솔트 조금, 카레가루 1-2큰술, 올리브오일을 한 바퀴 둘러 밑간을 하고 30분-1시간 동안 재워둔다.
3 다진 마늘, 진간장, 설탕, 청주(소주), 물, 후추를 넣어 양념장을 만든 후 등갈비에 넣어 조물거려준다.
4 에어프라이어 온도를 200도로 맞춘 뒤 7분간 구워준다.
5 다시 뒤집어 7분간 구워준다.

Reciepe 07

레몬후추새우

상큼한 레몬의 향이 허브솔트, 마늘 향과 어울려
새우를 좀 더 그럴듯하게 만들어준다.

온도 200℃ | 시간 10분

재료

새우 200g, 레몬즙 3큰술, 레몬 1개(1/2개는 슬라이스, 1/2개는 즙으로 활용) 후추 3꼬집, 파프리카 1개, 갈릭 파우더 2꼬집, 허브솔트 3꼬집

만드는 법

1 내장을 발라낸 새우에 레몬즙, 허브솔트, 올리브오일, 후추, 파프리카, 갈릭파우더를 넣어 조물거려준다.
2 양념된 새우를 레몬 슬라이스와 함께 에어프라이어에 넣어준다.
3 에어프라이어 온도를 200도로 맞춘 뒤 5분간 구워준다.
4 다시 뒤집어 5분간 구워준다.

버터라면땅

에어프라이어 요리를 말할 때 추억의 간식이 빠지면 섭섭하다.
버터와 설탕의 조합을 누가 이길까?

온도	180℃	시간	10분

재료

버터 10g, 라면 1개, 라면스프 2큰술, 설탕 2큰술

만드는 법

1 잘게 쪼갠 생라면에 앞뒤로 버터를 발라 에어프라이어에 넣어 준다.
2 에어프라이어 온도를 180도에 맞춘 뒤 앞뒤로 5분간 구워준다.
3 구울 동안 봉투에 라면 스프, 설탕을 넣어 섞어준다.
4 구운 라면을 꺼내 양념이 담긴 비닐봉지에 넣고 잘게 부순 후 흔들어준다.

소떡소떡

떡과 소시지를 같이 먹는다는 생각은 누가 한 걸까?
칭찬해줘야 한다. 이 심플한 간식, 이제 집에서 먹자.

온도 180℃ | 시간 10분

재료

소시지 300g, 떡 300g, 식용유, 고추장 1큰술, 올리고당 3큰술, 다진 마늘 1/2큰술, 케첩 3큰술, 간장 1큰술, 물 1큰술

만드는 법

1 끓는 물에 떡과 소시지를 2분간 데쳐준다.(소시지에는 칼집을 낸다.)
2 데친 떡과 소시지에 물기를 제거하고 꼬치에 꽂아둔다.
3 꼬치에 식용유를 약간 둘러준다.
4 고추장, 올리고당, 다진 마늘, 간장, 물, 케첩을 넣어 양념장을 만들어준다.
5 에어프라이어 온도를 180도에 맞춘 뒤 5분간 구워준다.
6 다시 뒤집어 5분간 구워준다.
7 튀긴 꼬치에 양념장을 발라준다.

스테이크

스테이크가 별거냐. 마음에 드는 플레이트, 와인잔만 있으면
50센티미터짜리 내 책상도 레스토랑 테이블이 된다.

온도 180℃ | 시간 15분

재료

스테이크용 고기 300g, 올리브오일 2큰술, 허브솔트 4꼬집, 아스파라거스 2대, A1소스 2큰술, 후추 3꼬집

만드는 법

1 스테이크용 고기에 올리브오일, 허브솔트, 후추를 뿌리고 20분 동안 숙성시킨다.
2 에어프라이어 온도를 180도로 맞춘 뒤 8분간 구워준다.
3 뒤집어 5분간 구워준다.

483
THE COUNT OF MONTE CRISTO
'Have you an exact idea of the amount of your fortune?' – 'Yes.'
29
OLIVER TWIST

식빵튀김

가성비 갑. 잼 발라 먹는 식빵이 지겨워졌다면,
뭔가 색다른 레시피를 원한다면 이 레시피를 시도해보면 어떨까?

온도 180℃ | 시간 10분

재료

식빵 2장, 튀김가루 3큰술, 물 3큰술(되직함에 따라 조절), 설탕 3큰술

만드는 법

1 튀김가루 3큰술, 물 반 컵을 넣어 섞어준다. 되직하지 않게 적당히 농도 조절을 한다.
2 4등분으로 자른 식빵에 튀김가루 물을 입혀준 뒤 올리브오일을 살짝 바른다.
3 에어프라이어 온도를 180도로 맞춘 뒤 10분간 굽는다.
4 노릇하게 구워진 식빵에 설탕을 뿌린다.

Reciepe 12

식빵핫도그

식빵의 다종다양한 변신. 튀긴 음식은 맥주랑 찰떡궁합인 건 너무나도 잘 알려진 사실!

온도	시간
180℃	10분

재료

식빵 2장, 체다치즈 2장, 소시지 2개, 빵가루 30g, 계란 1개

만드는 법

1 식빵 테두리를 자른 후 밀대를 이용해 식빵을 펴준다.
2 펴진 식빵에 체다치즈를 올리고 소시지를 넣어 동그랗게 말아준다.
3 식빵을 계란물에 묻힌 뒤 빵가루를 입혀준다.
4 에어프라이어 온도를 180도로 맞춘 뒤 10분간 굽는다.

연어스테이크

자취방의 우아한 레스토랑. #집밥백가희선생 태그를 달았을 때
가장 인기가 좋았던 메뉴 중 하나다.

온도 180℃ | 시간 15분

재료

연어 500g, 아스파라거스 2개, 허브솔트 4꼬집, 레몬 1/2조각, 월계수 잎 4장, 올리브오일 3큰술

만드는 법

1 흐르는 물에 연어를 씻은 뒤 허브솔트와 올리브오일을 두르고 밑간을 해준다.
2 연어에 레몬즙을 뿌려준다.
3 연어, 레몬슬라이스, 월계수잎, 아스파라거스를 함께 에어프라이어에 넣어준다.
4 에어프라이어 온도를 180도로 맞춘 뒤 앞뒤 번갈아 8분씩 구워준다.

*연어 스테이크는 부서지기 쉬우므로 가급적이면 종이호일을 이용한다.

퀘사디아

10평 원룸에서 느끼는 은근한 남미의 향기. 다들 와인 꺼냅시다!

온도 180℃ | 시간 7분

재료

또띠아 1장, 양파 1개, 파프리카 1개, 버섯 40g, 소시지 100g, 토마토소스 3큰술, 피자치즈(기호대로)

만드는 법

1 달군 팬에 잘게 썬 양파와 파프리카를 볶은 뒤 버섯과 토마토소스를 넣고 볶는다.
2 또띠아를 깔고 토마토소스와 소시지, 피자치즈를 올린 뒤 반으로 접는다.
3 에어프라이어 온도를 180도로 맞춘 뒤 7분간 굽는다.

크로크무슈

햄과 치즈를 얹어 바삭하게 구워 먹는 크로크무슈. 우유와도 커피와도 잘 어울리는 메뉴다.

온도 180℃ | 시간 5분

재료

식빵 2장, 체다치즈 4장, 슬라이스 햄 4장, 컵콘스프 파우치18.6g+물 150ml

만드는 법

1 콘스프를 끓이고 식빵 2장 다 한쪽 면에 바른다.
2 콘스프 바른 식빵에 체다치즈와 슬라이스 햄을 올려 2장을 겹친다.
3 식빵 위로 모짜렐라 치즈를 뿌린다.
4 에어프라이어 온도를 180도로 맞춘 뒤 5분간 굽는다.

토마토미트볼

동글동글. 간단하게 집어먹을 수 있는 핑거푸드가 필요하다면
토마토와 미트볼의 풍미가 살아 있는 이 메뉴도 적격이겠다.

온도	200℃	시간	15분

재료

다진 소고기 150g, 다진 돼지고기 150g, 토마토소스 1/2컵, 양파 1/2개, 다진 마늘 3큰술, 당근 1/4개, 계란 1개, 허브솔트 네 꼬집, 빵가루 1/2컵

만드는 법

1 다진 소고기와 다진 돼지고기, 잘게 썬 양파와 다진 마늘, 계란 1개, 빵가루, 허브솔트를 넣고 조물조물 주무른다. 동그란 모양으로 빚어준다.
2 동그랗게 빚은 미트볼 위로 토마토소스를 발라준다.
3 에어프라이어 온도를 200도로 맞춘 후 15분간 굽는다.

통감자 구이

무궁무진한 감자의 세계. 20분으로 스테이크하우스의 통감자 구이를 만들어보자.

온도 190℃ | 시간 20분

재료

감자 2알, 타르타르소스(마요네즈 4큰술, 다진 피클 2큰술, 다진 양파 2큰술, 다진 삶은 계란(노른자) 1개, 설탕 1큰술, 소금 1꼬집, 다진 파프리카 1큰술, 레몬즙 2큰술), 올리브오일 2큰술

만드는 법

1 깨끗이 씻은 감자에 칼집을 내준다.
2 오일을 바르고 에어프라이어에 넣는다.
3 에어프라이어 온도를 190도로 맞춘 뒤 20분간 굽는다.
4 마요네즈, 다진 양파, 다진 피클, 다진 계란, 레몬즙, 설탕, 소금, 다진 파프리카를 넣어 소스를 만든다.
5 구워진 통감자 위에 소스를 올린다.

Reciepe 18

피자모닝빵

모닝빵도 비주얼이 좋을 수 있죠. 세 단계의 간단한 과정으로 브런치 느낌을 낼 수 있다.

온도 180℃ | 시간 5분

재료

모닝빵 4개, 소시지 2개, 토마토소스 4큰술, 버섯 30g, 피자치즈 30g

만드는 법

1 식용유를 두른 팬에 토마토소스를 넣고 송송 썬 버섯을 넣고 볶아준다.
2 속을 파낸 모닝빵에 토마토소스를 깔아주고, 소시지와 피자치즈를 올린다.
3 에어프라이어 온도를 180도로 맞춘 뒤 5분간 구워준다.

매콤바삭 병아리콩 구이

맥주에는 뭐니 뭐니 해도 부담 없이 먹을 수 있는 핑거푸드가 필요하다.
팝콘이 식상하다면 매콤한 풍미의 병아리콩도 추천이다.

온도 180℃ | 시간 20분

재료

병아리콩 1캔(15온스, 씻어서 물기를 뺀 것), 이스트 1큰술, 올리브오일 1큰술, 구운 파프리카 1큰술, 다진 마늘 1큰술, 소금 1/2큰술, 허브 1꼬집

만드는 법

1 키친타월을 두 겹으로 깔아 병아리콩을 펼쳐 깔고, 그 위에 또 다른 키친타월을 덮어 30분간 말린다.
2 에어프라이어를 5분 정도 예열하여 180도로 맞춘다.
3 물기를 없앤 병아리콩, 이스트, 올리브오일, 구운 파프리카, 마늘, 소금, 허브를 보울에 넣어 한데 잘 버무린다.
4 병아리콩을 에어프라이어에 넣어 바삭해질 때까지 요리한다. 20-22분 정도 걸리고 4분마다 흔들어주면 좋다.

콘치즈

명실상부 한국의 전통 음식처럼 인식된 콘치즈. 좀 더 맛있게 요리할 수 있는 방법 없을까?

온도 180℃ | 시간 10분

재료

옥수수콘 150g, 햄(혹은 베이컨) 50g, 양파 1/2개, 당근 1/2개, 마요네즈 2큰술, 설탕 1큰술, 소금 2꼬집, 후추 2꼬집, 모짜렐라 치즈 50g, 버터 20g

만드는 법

1 옥수수콘은 물을 빼고 양파와 햄, 당근을 다진다.
2 달군 팬에 버터를 녹이고 야채를 볶아둔다.
3 마요네즈, 설탕, 소금과 후추를 넣어 소스를 만든다.
4 콘과 야채와 소스를 섞는다.
5 에어프라이어 안에 넣고 모짜렐라 치즈를 올린다.
6 에어프라이어 온도를 180도로 맞춘 뒤 10분간 굽는다.

Reciepe 21

삼겹살

에어프라이어와 삼겹살 조합은 이미 모두가 다 아는 최고 궁합이다.
오늘은 삼겹살과 청하를 곁들여줘야겠다. 111쪽 파무침 만들기도 참조하자.

온도 180℃ | 시간 25분

재료

삼겹살 200g, 허브솔트 3꼬집, 로즈마리 3개

만드는 법

1 삼겹살에 허브솔트와 로즈마리를 얹어 에어프라이어에 넣는다.
2 에어프라이어 온도를 180도로 맞춘 뒤 15분간 굽는다.
3 다시 뒤집어 10분간 굽는다.

통삼겹차슈 덮밥

허한 몸에 기력을 불어넣는 데는 밥만 한 게 없다.
또 하나의 단짠 조합을 소개한다.

온도	180℃	시간	40분

재료

수육용 통삼겹 170g, 대파 1대, 양파 1/2개, 생강 3개, 통마늘 3알, 간장 2큰술, 맛술 2큰술, 물 1컵, 설탕 1큰술, 올리고당 1큰술, 밥 1공기, 후추 4꼬집

만드는 법

1 수육용 통삼겹을 에어프라이어에 넣고 온도를 180도로 맞춘 뒤 20분간 구워준다.
2 다시 뒤집어 20분간 굽는다.
3 대파, 양파, 통마늘, 생강, 후추, 간장, 설탕, 맛술, 물을 넣어 양념장을 만든다.
4 달군 팬에 양념장과 통삼겹을 넣고 끓인다.
5 30분간 중불로 끓인 뒤 양념장이 졸아들면 올리고당 1큰술을 넣는다.
6 양념장이 자작자작하게 졸면 통삼겹을 꺼내 식힌 뒤 잘라준다.
7 밥 위에 차슈를 올리고 대파를 송송 썰어 올린다.

통삼겹 스파게티

쌀이 아니면 어떠랴. 고기와 함께라면 밥 못지 않은 든든한 한 끼가 된다.

온도 180℃ | 시간 40분

재료

통삼겹 170g, 허브솔트 2꼬집, 토마토소스 3큰술, 버섯 30g, 방울토마토 1개, 양파 1개, 파스타면 1인분, 다진 마늘 1큰술

만드는 법

1 통삼겹에 허브솔트를 뿌린 뒤 에어프라이어에 넣고 온도를 180도로 맞춘 뒤 20분간 구워준다.
2 다시 뒤집어 20분간 굽는다.
3 끓는 물에 파스타면을 넣고 7분간 끓인다.
4 기름을 두른 달군 팬에 다진 마늘을 넣고 볶은 뒤 버섯, 채 썬 양파, 방울토마토를 함께 볶는다.
5 토마토소스와 파스타 면을 넣고 함께 볶는다.
6 그릇에 파스타를 담고 통삼겹을 썰어서 올린다.

아보카도 프라이

뭐든 구우면 맛있어진다. 약간의 양념된 아보카도라면 더 말할 나위 없다.

온도 200℃	시간 10분

재료

밀가루 1/4컵, 후추 1/2큰술, 소금 1/4큰술, 계란 1개, 물 1큰술, 아보카도 1개(8조각으로 슬라이스한다), 빵가루 1/2컵, 쿠킹스프레이

만드는 법

1 200도로 예열된 에어프라이어를 준비한다.
2 밀가루, 후추, 소금을 보울에 섞는다. 두 번째 보울에 계란과 물을 넣고 푼다. 세 번째 보울에 빵가루를 넣는다.
3 준비한 아보카도 슬라이스에 밀가루를 넉넉히 묻히고, 계란옷을 입힌다. 마지막으로 계란을 묻힌 아보카도에 빵가루를 입힌다.
4 아보카도에 쿠킹스프레이를 분사하고, 가장자리부터 에어프라이어에 채운다.
5 4분가량 굽고, 아보카도를 뒤집어 노르스름한 색이 될 때까지 3분가량 더 굽는다.

야채튀김

무엇을 튀기든 튀김은 옳다. 특히 야채튀김이라면
기름 가득한 무언가를 먹었단 복잡한 마음에서도 벗어날 수 있을 터.

온도	200℃	시간	20분

재료

밀가루 1/2컵, 소금 1/2큰술(기호에 따라 가감한다), 계란 2개, 물 2큰술, 빵가루 1컵, 올리브오일 2큰술, 그린빈 1/2컵, 아스파라거스 1/2컵, 붉은 양파 1/2(링 형태로 슬라이스한다), 파프리카 1/2컵, 아보카도 1/2컵(웨지 형태로 자른다), 주키니 1/2컵

만드는 법

1 밀가루, 소금 1/4큰술, 후추 1/3큰술을 한 보울에 섞는다. 또 다른 보울에 계란과 물을 넣어 푼다. 빵가루와 기름을 세 번째 보울에 넣어 젓는다. 기호대로 빵가루나 밀가루를 더 넣어도 좋다.

2 남은 소금 1/4큰술을 야채에 뿌린다. 야채에 밀가루를 묻힌 다음 계란옷을 입힌다. 마지막으로 빵가루를 입힌다.

3 에어프라이어는 200도로 예열하고, 오븐은 95도로 예열한다.

4 에어프라이어 바구니에 준비된 야채의 절반을 한 층으로 두른다. 노르스름해질 때까지 10분가량 요리한다. 추가로 소금을 뿌려도 좋다. 기호에 따라 튀김을 따뜻하게 유지하기 위해 완료된 야채튀김을 오븐에 옮긴다. 그리고 나머지 야채를 굽는다.

옥수수 구이

옥수수 구이는 옥수수 구이인데 뭔가 다르다.
서양 풍미를 가미하고 싶을 때는 이거다!

온도 200℃ | 시간 8분

재료

마요네즈 1/4컵, 파마산 치즈 2큰술, 라임즙 1큰술, 칠리파우더 1/4큰술, 옥수수 2개(껍질을 까고 반으로 자른다)

만드는 법

1 200도로 예열된 에어프라이어를 준비한다.
2 마요네즈, 파마산 치즈, 라임즙, 칠리파우더를 한 보울에 섞는다.
3 4조각으로 자른 옥수수를 에어프라이어 바스켓에 넣고 8분 동안 굽는다.

TEMPT
TEMPT
9
WINE
PEACH

PART

02

#집밥백가희선생의 한 그릇 요리

에어프라이어 요리와 어울릴 만한
28가지 요리를 모았다.
#집밥백가희선생 해시태그를 단 음식 중
인기가 좋았던 한 그릇 요리들이다.
에어프라이어를 사용하지 않지만,
레시피는 그 못지 않게 간편하다.

Enjoy cooking!

간장새우장 덮밥

혼자일수록 잘 챙겨먹는 일은 행복의 첫 걸음이 된다.

재료

밥 1공기, 새우장 200g, 샐러드 채소 60g, 계란 1개, 간장 1큰술, 참기름 1/2큰술

만드는 법

1 새우 머리를 자르고 몸통 껍질을 깐다.
2 샐러드는 씻어둔다.
3 날계란은 흰자와 노른자를 분리한 후노른자만 남겨둔다.
4 밥-새우장-샐러드 채소를 올린다.
5 간장 1바퀴,참기름 반 스푼 떨어뜨리면 끝.

Reciepe 28

김치볶음밥

흔하디흔한 김치볶음밥도 정성이 들어가면 아름다운 한 끼가 됩니다.

재료

김치 100g, 파 1대, 양파 1/2개, 스팸 1/2개, 밥 1공기, 설탕 1큰술, 간장 1큰술, 참기름 1/2큰술

만드는 법

1 기름을 두른 팬에 파를 먼저 볶아, 파기름을 낸 후 잘게 썬 스팸을 넣는다.
2 김치를 넣어 볶아준다.
3 김치의 숨이 죽으면 설탕 1큰술을 넣어준다.
4 양파를 넣고 볶다가 밥을 넣어준다.
5 밥을 넣고 간장 1바퀴를 둘러 볶아준다.
6 불을 끈 후 참기름 1큰술을 넣고 볶아준다.

Reciepe 29

김치찌개

김치 없으면 우리 자취생들은 어떻게 살 뻔했나요?

재료

돼지고기 120g, 고추장 1/2큰술, 후추 3꼬집, 물엿 1큰술, 고춧가루 2큰술, 김치 150g, 김치국물 5큰술, 다시다 1/2큰술, 물 2컵

만드는 법

1 달군 팬에 김치와 김치 국물 5큰술을 넣고, 돼지고기와 다시다 반 큰술, 물엿 1큰술, 후추 3꼬집을 넣어 볶는다.
2 고기가 익었을 때 고추장 반 큰술, 다시다 반 큰술, 고춧가루 2큰술, 물 2컵을 넣어 한소끔 끓여준다.

김치찜

메인 반찬인데, 술 생각이 나는 건 무슨 이유일까요?

재료

삼겹살 200g, 김치 150g, 대파 1대, 홍고추 1개, 청양고추 1개, 사골 엑기스 1큰술, 고추장 1큰술

만드는 법

1 대파 1대, 홍고추와 청양고추 1개씩 송송 썬다.
2 김치 안에 반으로 자른 삼겹살을 넣고 만다.
3 김치를 냄비 안에 가지런히 넣고 물 1컵과 사골 엑기스 1작은술을 넣는다.
4 대파와 고추장 1큰술, 청양고추와 홍고추를 넣고 센 불에서 팔팔 끓인다.
5. 간보고 싱거우면 물 1컵과 사골 엑기스 1작은술을 또 넣는다.

돼지고기 덮밥

밥을 먹을 때만큼은 육식주의자가 되어도 좋을 것 같아요 :)

재료

돼지고기 150g, 미소 된장 1큰술, 계란 2개, 양파 1개, 파 1개, 생강 3개, 간장 2큰술, 맛술 1큰술, 설탕 1과 1/2큰술, 물 1/2컵

만드는 법

1 간장 2큰술, 맛술 1큰술, 설탕 1큰술 반, 물 반 컵과 채 썬 생강을 팬에 넣고 끓인다.
2 소스가 끓으면 생강은 건져내고 채 썬 양파와 미소 된장을 1스푼 넣는다.
3 고기를 넣고 중불에서 저어주면서 익힌다.
4 계란 흰자는 버리고 노른자만 따로 분리한다.
5 밥, 고기, 채 썬 파, 고춧가루, 노른자, 깨 순으로 올린다.

Reciepe 32

떡볶이

나의 오래된 소울푸드!

재료

떡 200g, 고추장 2큰술, 고춧가루 1큰술, 설탕 1큰술, 다시다 1/2큰술, 다진 마늘 1/2큰술, 물 1컵, 파프리카 1개, 소시지 70g

---

만드는 법

1 고추장, 고춧가루, 설탕, 다시다, 다진 마늘, 물을 넣어 소스를 만든다.
2 식용유를 두른 팬에 떡과 소시지를 넣고 볶는다.
3 떡이 익으면 채 썬 파프리카를 넣고 볶는다.
4 소스를 넣고 같이 볶아 익힌다.

명란아보카도 덮밥

명란과 아보카도가 이렇게 잘 어울릴 줄은 예전엔 미처 몰랐죠.
이제는 대중적인 메뉴가 된 명란아보카도 덮밥.

재료

명란젓 100g, 아보카도 1개, 계란 2개, 참기름 2큰술, 밥 1공기, 김가루 10g

만드는 법

1 잘 익은 말랑말랑한 아보카도를 반으로 가르듯 칼집을 낸 후, 비틀어 씨를 빼낸다. 숟가락으로 손을 파내고 슬라이스로 썬다.
2 명란젓 하나를 꺼내 반으로 갈라 껍질을 벗겨내준다.
3 계란을 반숙으로 굽는다.
4 밥, 아보카도, 계란, 명란젓을 차례대로 올린 뒤 참기름을 1바퀴 두른다.
5 김가루를 올린다.

Enjoy cooking!

명란파스타

잘 만든 명란 파스타는 짜지도 않고 고소한 풍미로 즐거운 한 끼를 만들어준다.

재료

명란젓 100g, 소금 1/2큰술, 다진 마늘 2큰술, 페퍼론치노 10g, 올리브오일 2큰술, 면수 2큰술, 파스타면 1인분, 김가루 20g

---

만드는 법

1 명란젓 하나를 꺼내 반으로 갈라 껍질을 벗겨내준다.
2 끓는 물에 파스타 면과 소금을 넣어 7분간 끓인다.
3 면수는 따로 빼두고 올리브오일을 둘러 파스타 면과 페퍼론치노를 함께 볶다가 명란젓을 넣는다.
4 면수 2큰술을 넣어 간을 맞춘다.
5 완성된 파스타를 올리고 김가루를 뿌려준다.

*김가루를 뿌릴 예정이라면 면수를 조금만 넣어도 된다.

볶음라면

매일 끓여먹는 라면이 지겨워졌다면 새로운 레시피를 시도해볼 타이밍!

재료

파 1개, 라면 1개

만드는 법

1 끓는 물에 라면을 넣어 면을 삶은 뒤 꺼내둔다.
2 달군 프라이팬에 기름을 두른 후 송송 썬 대파를 넣고 파기름을 낸다.
3 프라이팬에 면과 라면스프 1/2을 넣어 볶는다.

샐러드 우동

도톰하고 쫄깃한 우동. 허기는 지지만 상큼함도 원한다면 샐러드 우동을 추천한다.

재료

샐러드(어린잎채소 40g, 로메인 또는 양상추 70g, 딸기 6개), 우동면 1개, 옥수수콘 1/2컵, 방울 토마토 4개, 오리엔탈 드레싱 2큰술

만드는 법

1 샐러드를 송송 썰어둔다.
2 우동면을 뜨거운 물에 2분간 삶는다.
3 우동면을 넣고 샐러드와 옥수수콘, 토마토를 넣고 오리엔탈 드레싱을 뿌린다.

Reciepe 37

스테이크 덮밥

스테이크 굽는 법은 1부 35쪽을 참조해주세요!

재료

스테이크용 고기 200g, 올리브 오일 2큰술, 간장 2큰술, 설탕 1과 1/2큰술, 다진 마늘 1/2큰술, 물 6큰술, 버섯 40g, 양파 1개

만드는 법

1 버섯과 양파를 채 썬다.
2 간장, 설탕, 다진 마늘, 물을 넣고 소스를 만든다.
3 야채에 소스를 넣고 볶는다.
4 스테이크를 에어프라이에 굽는다.(스테이크 레시피 참고.)
5 스테이크를 자르고 밥, 고기, 야채 순서대로 올린다.

Enjoy cooking!

스팸 파스타

스팸을 밥에 얹어서만 먹나요? 이제는 다르게 먹어봅시다.

재료

면 1인분, 페퍼론치노 3개, 편마늘 4조각, 통조림 햄 1/2개, 양파 1/2개, 소금 1큰술, 후추 2꼬집

만드는 법

1 물에 소금을 1큰술 넣고 끓인 뒤 면을 넣고 6분간 끓여준다.
2 햄을 깍둑 썰고, 양파는 채 썰어둔다.
3 식용유를 두른 뒤 마늘, 페퍼론치노, 양파, 햄 순으로 볶는다.
4 면과 면수 반 컵을 넣고 볶아준다.
5 후추 2꼬집을 넣고 면수가 날아갈 때까지 볶는다.

연어 덮밥

색 조합만 봐도 너무 멋스럽다.
연어를 싫어하는 친구가 아니라면 초대하여 대접하기에 딱 좋은 메뉴.

재료

연어 500g, 계란 2개, 양파 2개, 물 3큰술, 간장 2큰술, 설탕 2큰술, 설탕 1큰술, 후추 3꼬집, 식초 1큰술

만드는 법

1 양파를 최대한 얇게 채 썰어준다.
2 찬물에 식초 1작은술, 설탕 1작은술을 넣고 채 썬 양파를 담가 둔다.
3 간장 2큰술, 설탕 2큰술을 섞어 간장소스를 만들어준다.
4 계란은 풀어서 지단을 만든다.
5 밥, 지단, 양파, 연어, 간장소스 순으로 올린다.

오므라이스

집에서 오므라이스를 예쁘게 만들기는 쉽지 않다.
캐주얼하지만 보기 좋은 오므라이스 레시피를 소개한다.

재료

돈가스소스 4큰술, 케첩 1/2큰술, 계란 2개, 양파 1/2개, 햄 80g, 다진 마늘 1/2큰술, 간장 1/2큰술, 굴소스 1큰술, 밥 1공기, 후추 3꼬집

만드는 법

1 계란 2개와 물 4큰술을 풀어 채망에 걸러준다.
2 양파와 햄을 썰어 달군 팬에 볶은 뒤 밥 1공기를 넣는다.
3 후추, 굴소스, 간장을 넣는다.
4 식용유를 두른 팬에 다진 마늘을 넣고 돈가스소스, 케첩을 넣어 소스를 만든다.
5 계란은 약불에 퍼지게 젓가락으로 휘저으며 익혀준다.
6 밥, 계란을 올린 뒤 소스를 뿌려준다.

닭고기 덮밥

어떻게 만들어도 메인 재료의 역할을 훌륭히 소화하는
닭고기와 밥의 아름다운 조합이다.

재료

닭다리살 혹은 닭가슴살 200g, 밥 1공기, 계란 1개, 파 1개, 양파 1개, 굴소스 2큰술, 물 1/2컵

만드는 법

1 양파, 파, 닭가슴살을 채 썬다.
2 계란은 젓가락으로 노른자만 콕 찌르거나 반을 갈라준다.
3 굴소스와 물을 넣어 달군 프라이팬에 끓여준다.
4 식용유에 양파, 닭가슴살을 차례대로 볶고, 소스를 넣어 함께 볶아준다.
5 불을 끈 직후에 계란을 넣어 익혀준다.
6 밥, 닭가슴살을 넣고 파를 올려 장식해준다.

Enjoy cooking!

Reciepe 42

짜장밥

짜장 소스는 냄새만으로도 허기를 듬뿍 자극한다.
집에서도 소스를 만들 수 있다.

재료

양파 1개, 버섯 50g, 감자 1개, 당근 1개, 돼지고기 80g, 전분 1큰술, 설탕 1큰술, 물 2컵, 물 1/2컵(전분용), 춘장 1~2큰술(기호대로), 고춧가루 1/2큰술, 깨 1꼬집

만드는 법

1 감자, 당근,양파, 버섯을 깍둑 썰어 순서대로 볶아준다.
2 감자가 어느 정도 익으면 고기를 넣는다.
3 춘장, 설탕, 물을 넣어 뭉치지 않게 저어주면서 끓인다.
4 종이컵에 전분, 물을 넣어 저어둔 뒤 짜장소스에 넣으며 농도 조절한다.
5 중불에 졸이면서 끓인다.
6 취향에 따라 고춧가루, 깨를 뿌린다.

참치마요

편의점에서 잘 팔리는 것 중 하나가 참치마요 삼각김밥이라죠?

재료

참치캔 1개, 양파 1개, 계란 2개, 마요네즈 드리즐할 정도로(기호대로), 밥 1공기, 간장 1/2컵, 물 1컵, 설탕 1/2컵

만드는 법

1 양파를 얇게 채 썬다.
2 계란을 풀어 약불에 스크램블한다. 어느 정도 익었다 싶으면 불을 줄이거나 끄고 열기로 볶으면 촉촉한 스크램블이 된다.
3 물, 간장, 설탕을 넣어 소스를 만들어준다.
4 채 썬 양파를 버터에 볶은 뒤 소스를 넣고 졸인다.
5 참치는 물을 뺀다.
6 밥, 참치, 소스가 밴 양파, 계란 순서로 올린다.
7 마요네즈를 뿌려 마무리.

콘샐러드

어렸을 때 엄마가 한 번쯤은 반찬으로 식탁에 올려줬을 메뉴.
밥 없이 그냥 먹어도 맛있다!

재료

옥수수콘 340g(물기 빼고 1캔), 파프리카 1/2개, 양파 1/2개, 마요네즈 4큰술, 올리고당 1큰술, 레몬즙(혹은 식초) 1/2큰술, 후추 1꼬집

만드는 법

1 옥수수콘 물기를 뺀다.
2 양파와 파프리카 1/2개를 잘게 잘라 양파는 물에 담궈둔다.(양파의 매운 기를 빼준다.)
3 콘, 양파, 파프리카, 마요네즈, 올리고당, 레몬즙, 후추를 뿌리고 섞어준다.

Enjoy cooking!

하이라이스

향이 너무 진한 카레가 부담스러울 때 가끔 하이라이스가 생각난다.

재료

양파 1개, 감자 1개, 버섯 80g, 당근 1개, 목살 100g, 물 한 컵, 하이라이스 가루 3큰술, 케첩 2큰술, 밥 한 공기

만드는 법

1 양파, 당근, 감자, 목살을 깍둑 썰고 버섯은 채 썬다.
2 달군 팬에 목살을 먼저 볶고 감자, 당근, 양파를 같이 볶는다.
3 감자가 어느 정도 익으면 재료들이 잠기게끔 물을 부어준 뒤 버섯을 넣는다.
4 물이 끓으면 하이라이스 가루를 골고루 뿌려준다.
5 케첩 2큰술을 넣고 잘 저어준다.
6 밥 위에 완성된 소스를 올린다.

목살 필라프

밥알이 알알이 입에 들어와 박히는 서양식 볶음밥.

재료

돼지목살 120g, 양파 1개, 양송이버섯 80g, 마늘 2알, 파프리카 1/2개, 버터 1큰술, 굴소스 2큰술, 맛술 2큰술, 후추 2꼬집, 계란 1개, 마요네즈 드리즐할 정도로, 밥 1공기, 카레가루 1/2큰술, 설탕 1작은술

만드는 법

1 돼지목살에 맛술, 후추를 넣어 밑간해 재워둔다.
2 달군 팬에 버터를 녹여 마늘과 목살을 볶는다.
3 목살이 익을 때쯤 잘게 썬 양파와 파프리카를 팬에 넣어 함께 볶는다.
4 밥을 넣고 카레가루와 굴소스를 넣는다.
5 설탕 1작은술을 넣고 함께 볶은 뒤 후추 2꼬집을 넣는다.
6 계란은 반숙으로 굽고 다 볶은 밥 위에 올린다.
7 마요네즈를 뿌린다.

파무침

1부의 삼겹살 메뉴를 기억하시나요?

재료

파채 150g, 다진 마늘 1/2큰술, 간장 2큰술, 설탕 2큰술, 고춧가루 2큰술, 식초 2큰술, 참기름 1큰술, 참깨 기호대로, 후추 2꼬집

만드는 법

1 파채를 찬물에 담궈 매운기를 뺀다.
2 간장, 고춧가루, 설탕, 식초, 참기름, 다진 마늘, 후추를 넣어 양념장을 만든다.
3 파채를 건져낸 후 양념장에 버무린다.

항정살 덮밥

덮밥에 고기만 한 궁합이 없다. 이번엔 항정살이다.

재료

항정살 150g, 대파 1/2개, 양파 1/2개, 간장 1과 1/2큰술, 맛술 2큰술, 물엿 2큰술, 다진 마늘 1/2큰술, 소금 2꼬집, 후추 2꼬집, 굴소스 1큰술, 물 3큰술, 식초 1큰술, 밥 1공기, 계란(노른자) 1개

만드는 법

1 항정살에 소금, 후추를 뿌려 밑간을 해둔다.
2 대파와 양파는 채 썰어 찬물에 담궈둔다.
3 달군 팬에 항정살이 노릇해질 때까지 굽고 기름기를 제거한다.
4 간장, 맛술, 물엿, 다진 마늘, 굴소스, 식초, 물을 넣고 끓인다.
5 중불에 양념이 끓으면 항정살을 넣어 졸인다.
6 날계란은 노른자를 분리한다.
7 밥, 항정살, 파채, 노른자 순으로 올린다.

Enjoy cooking!

제육 덮밥

호불호가 거의 없는 밥 메뉴다. 쌈채소가 있으면 함께 곁들여도 좋겠다.

재료

돼지고기 150g, 양파 1/2개, 파 1개, 고추장 2큰술, 고춧가루 1큰술, 청주(혹은 소주) 2큰술, 간장 1큰술, 설탕 1큰술, 올리고당 1큰술, 다진 마늘 2큰술, 생강가루 2큰술, 후추 2꼬집, 참기름 1큰술, 통깨 기호대로

만드는 법

1 양파와 파를 송송 썰어둔다.
2 고추장, 고춧가루, 청주, 간장, 설탕, 올리고당, 다진 마늘, 생강가루, 후추, 참기름을 넣어 양념장을 만든다.
3 돼지고기에 양념장을 넣어 재워둔다.(최소 1시간)
4 달군 팬에 중불로 고기를 넣고 볶은 뒤 자작해지면 물 3큰술, 양파와 파를 넣어 함께 볶는다.
5 양파가 익으면 건져 밥 위에 올린다.

Enjoy cooking!

중국당면 크림파스타

낯선 면과 익숙한 소스의 조합. 기호에 따라 비엔나 소시지를 장식처럼 얹어도 좋다.

재료

중국당면 150g(1인분 6줄), 우유 150ml, 생크림 150ml, 소금 2꼬집, 후추 2꼬집, 양파 1/2개, 베이컨 3줄, 버섯 80g, 다진 마늘 1큰술, 대파 1개

만드는 법

1 중국당면을 뜨거운 물에 30분간 불린다.
2 달군 팬에 다진 마늘 1큰술과 채 썬 파를 넣고 볶은 뒤 채 썬 양파와 잘게 썬 베이컨과 버섯을 넣고 볶는다.
3 우유와 생크림을 150ml씩 넣고 중국당면을 넣고 졸인다.
4 소금 2꼬집을 넣어 간을 맞춘다.
5 원하는 농도가 되면 후추 2꼬집을 넣어 마무리.

Enjoy cooking!

짜글이 덮밥

대체 짜글이라는 게 뭘까? 자작자작 끓이듯 볶는 고기와 밥의 조합을 보자.

재료

삼겹살(혹은 목살) 140g, 양파 1개, 감자 1개, 버섯 80g, 대파 1개, 쌀뜨물 1/2컵, 고추장 1큰술, 간장 2큰술, 다진 마늘 1큰술, 후추 3꼬집, 고춧가루 1큰술, 설탕 1큰술, 참기름 1큰술

만드는 법

1 고추장, 간장, 고춧가루, 설탕, 참기름, 후추를 넣어 양념장을 만든다.
2 돼지고기와 양념장을 버무린 뒤 재워둔다.
3 달군 팬에 감자, 양파, 버섯을 넣고 볶다가 재워둔 삼겹살을 넣고 같이 볶는다.
4 돼지고기가 반쯤 익으면 다진 마늘 1큰술을 넣고 쌀뜨물(혹은 물)을 반 컵 넣는다.
5 지지듯 끓이다 자작자작해지면 파를 넣고 볶은 뒤 마무리.

Reciepe 52

카레

카레, 하면 엄마 생각이 난다.
함께 살 때는 지겨울 때도 있지만, 혼자 사니 가끔 생각난다.

재료

고체카레 1조각, 감자 1개, 새우 40g, 후랑크 소시지 1개, 당근 1/2개, 양파 1/2개, 버터 1/2큰술, 물 2컵

만드는 법

1 달군 팬에 버터를 넣어 녹인 뒤 양파를 넣어 중약불로 타지 않게 볶는다.
2 양파가 진한 갈색이 될 때까지 볶는다. (캐러멜라이징)
3 캐러멜라이징한 양파에 깍둑 썬 감자와 당근을 넣고 볶은 뒤 물 2컵과 고체카레 1조각을 넣는다.
4 새우와 토마토는 뜨거운 물에 데치고 토마토는 껍질을 벗겨준다.
5 소시지는 칼집을 내 굽는다.
6 카레는 중약불에 저으면서 끓여준다.
7 뭉근한 농도가 되면 밥, 카레, 토마토, 소시지, 새우를 올려 마무리.

Enjoy cooking!

Reciepe 53

팟타이

내 작은 방에 채워지는 동남아의 풍미.
친구를 초대해서 함께 먹고 싶은 맛.

재료

계란 2개, 베이컨 3줄, 쌀국수면 150g, 숙주 100g(한 줌 반), 마늘 2개(다졌을 때 1/2큰술), 피시소스 2큰술, 굴소스 2큰술, 설탕 2큰술, 물 1컵, 레몬즙 1큰술

만드는 법

1 쌀국수 면을 찬물에 1시간 동안 불린다.
2 달군 팬에 기름을 넉넉히 두르고 다진 마늘 1/2큰술을 넣는다.
3 베이컨, 계란 2개를 넣고 같이 볶는다.
4 불린 면을 넣고 피시소스, 굴소스, 설탕, 물, 레몬즙도 함께 넣어 준다.
5 숙주를 넣고 볶는다.
6 숙주 숨이 죽으면 완성.

한강도시락 3종 메뉴

햇빛을 가릴 작은 텐트와
도시락을 들고 피크닉을 갈 때다.

재료

메추리알 3개, 슬라이스 햄 1팩, 소시지 100g, 유부초밥(유부초밥 만들기 세트 1개), 부추 70g, 하얀 치즈 1장, 소금 1큰술, 식초 1큰술, 당근 장식할 만큼 약간

만드는 법

메추리 병아리

1 메추리알을 실온에 보관 후 물에 식초 1큰술과 소금 1큰술을 넣는다.
2 불을 올리고 저으면서 5-7분간 삶아준다.
3 당근을 아주 작게 다진다.
4 삶은 메추리알 껍질을 까고 검은 깨로 눈 장식, 부리와 벼슬은 당근으로 만들어준다.(당근은 단순하게 작은 삼각형으로 자르자.)

리본 햄

1 달군 팬에 기름을 두르고 부추를 살짝 구워준다.
2 슬라이스 햄 중간을 접어 부추로 만다.

문어 소시지

1 소시지 중간 부분까지 십자 모양을 내준다. 십자 모양을 촘촘히 내주면 말미잘 모양의 소시지가 된다.
2 기름을 살짝 두른 팬에 소시지를 구워준다.
3 치즈를 동그랗게 잘라 흰자를 만든다.
4 깨로 눈동자를 만들어준다.

PART

03

요리의 완성은 플레이팅

맞다. 맛있는 한 끼는 맛으로만 정해지는 건 아니었다.
보기 좋게 차려진 음식만큼 마음을 흡족하게 하는 것이 있을까.
그간 공개하지 않았던 테이블 세팅을 위한 소품 정보를 엮었다.
모두에게 마음 따뜻한 한 끼를 위한 좋은 가이드가 되길 바라는 마음이다.

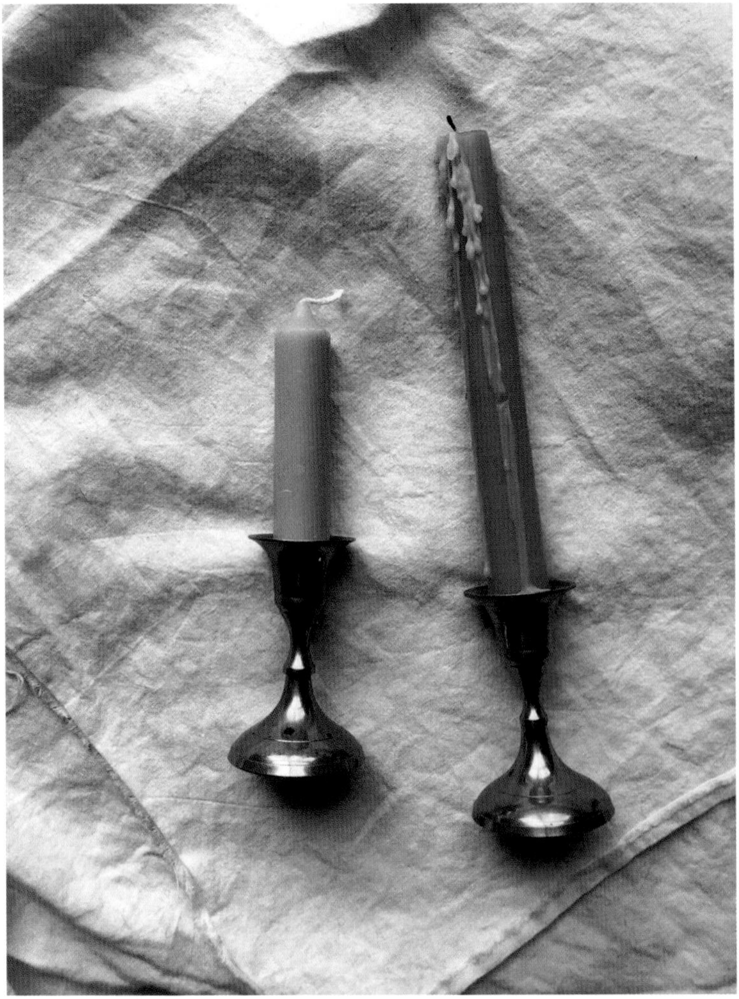

1

초 **구매처** 허니 플라밍고(http://honeyflamingo.kr), **가격** 5000원
촛대 **구매처** 쿠팡, **가격** 5000원

2

안경 **구매처** 홍대 길거리, **가격** 1만 원
영문 종이 **구매처** 브라켓 테이플(인스타그램 @bracket_table), **가격** 장당 500원
금속 비녀 **구매처** 동대문시장 b동, **가격** 3-4,000원

3

모네그림 **구매처** 서울 연남동 벤자민(인스타그램 @benjaminvintage), 가격 6만 원대

4
티지 스타일 블루투스 스피커 **구매처** 우연히 들어간 연남동 빈티지샵, 가격 1만 원 후반대

5

와인병 **구매처** 편의점에서 1만 원대에 구입하여 그 자리에서 다 마신 와인
드라이플라워(조화) **구매처** 고속터미널 지하상가, **가격** 3송이 1만원 대

6

아폴로상 **구매처** 미스모네(http://www.missmone.com), **가격** 2만 9,000원

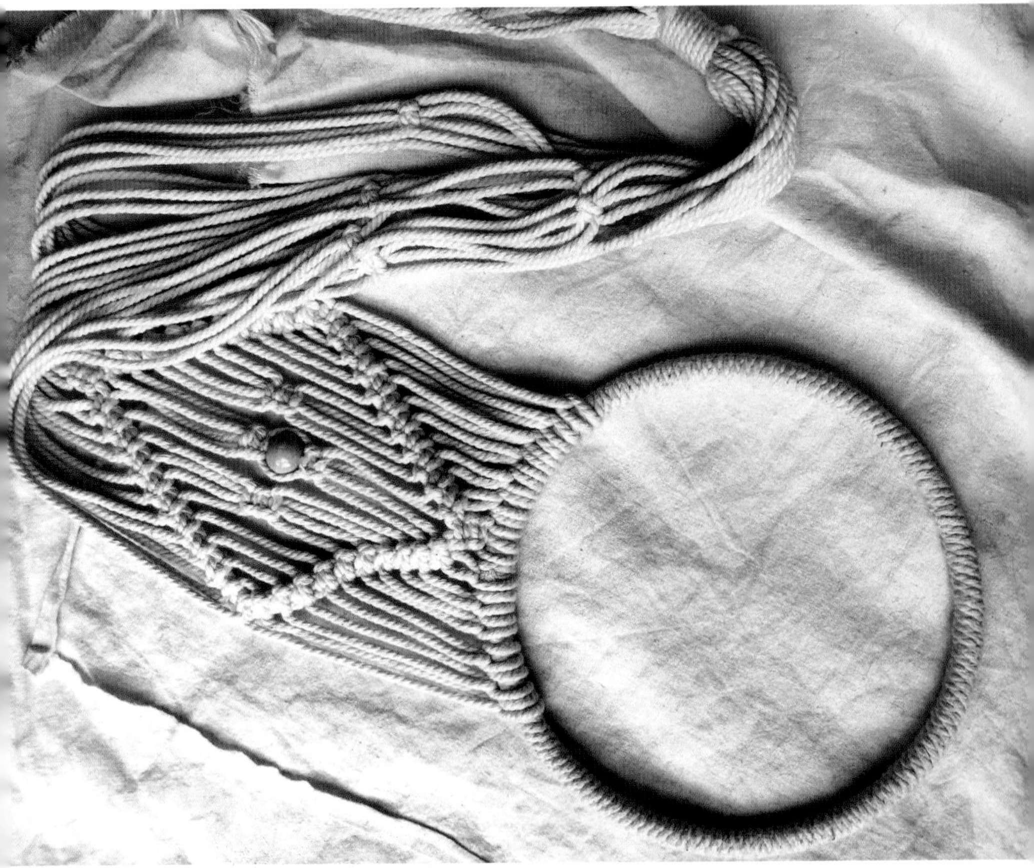

7

마크라메 **구매처** 망원동 인도네시아 소품샵(망원시장 근처), **가격** 1만 원대

8

라탄 코스터 **구매처** 네이버에서 라탄 코스터 검색
남색 코스터 **구매처** 선물받은 예쁜 코스터
짜투리 천 **구매처** 동대문 원단시장, **가격** 무료

9

아이스크림보울 **구매처** 선물 받은 것, **가격** 1만 원대 추정
요거트보울 **구매처** 브라켓테이블, **가격** 7,000원대
물컵 **구매처** 브라켓테이블, **가격** 4,000원대

10

모던한 느낌의 컵들 **구매처** 브라켓테이블, **가격** 각 5–6,000원대

11

와인잔 **구매처** 이마트, **가격** 5,000원대

12
나무그릇 **구매처** 무인양품, **가격** 1만원 대 추정.

13
파란색 그릇 **구매처** 다이소, **가격** 5,000원

14
흰색 그릇 **구매처** 다이소, **가격** 3,000원

15

우드 보울 **구매처** 다이소, **가격** 5,000원

16

카네수즈 플레이트 구매처 카네수즈 제품, **가격** 1만 원 후반대

17

빈티지 라인 플레이트 **구매처** 선물 받은 것, **가격** 1만 원대

18

우드 플레이트 **구매처** 다이소, **가격** 5–6,000원대

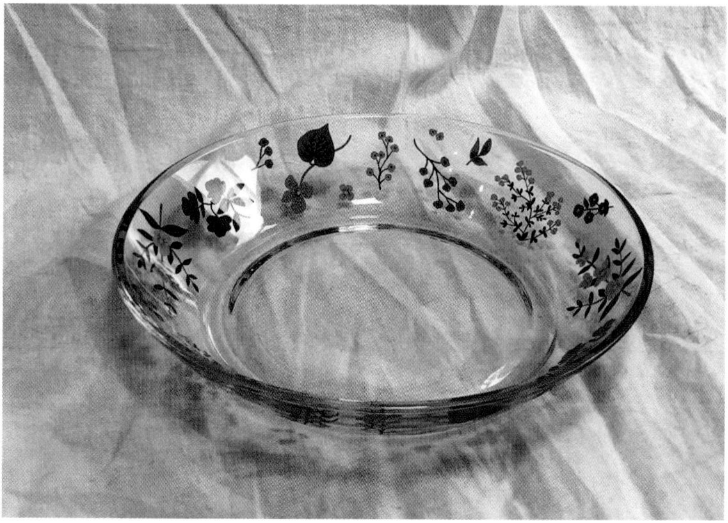

19

레이스라인 플레이트 **구매처** 다이소, **가격** 7,000원

20

투명 꽃밭 문의 플레이트 **구매처** 연남동 어느 빈티지샵, **가격** 1만 원대

21

도자기 밥그릇 **구매처** 자주(jaju,왼), 다이소(오), **가격** 각각 5,000원, 3,000원

22

도자기 식판 **구매처** 다이소, **가격** 5–7,000원대